ねこも7歳を迎えると折り返しに入ったということ。
年齢こそ重ねたけれど、幼い頃からずっと一緒にいると
いくつになっても、やんちゃな子どものような存在です。

いたずらっ子で、ソファーや床はボロボロ。
窓の外の鳥を必死に捕まえようとして
机のものを落としたこともありましたね。

でも……。

気がつけば、遊ぶ時間も短くなり、
寝ていることが増えました。
ねこも人間も、人生の半ばを過ぎると
少しずつ「老い」が気になるようになります。

ねこの一生、わたしの一生

命あるものならば、必ずその終わりはやってきます。
だからこそ限りある時間が愛おしく感じるもの。

一日でも元気に長生きをしてもらいたいと願うのは
飼い主として当然のことです。
では、そのためにねこの健康管理はできていますか？
ちょっとした異変にすぐに気がついてあげられますか？

そして、もしあなたが先に旅立つことになったら
残されたねこはどうなるのか、考えたことはありますか？

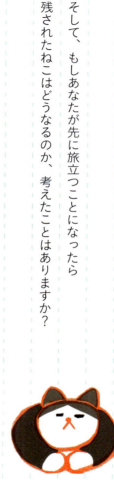

今は大丈夫と思っていても、
飼い主もねこも、いずれは年をとり、
老後を迎えることになります。

この先のことを、ただ不安に思うだけでなく、
今からできることを、
少しずつやっていきましょう。

いつか訪れるその日まで。
あなたもねこも幸せでいられるためのヒントを
この本ではご紹介しています。

人生の後半戦を素晴らしい時間にするために。
あなたとねこのために。

もくじ

第2章 日頃から気をつけたい、ねこの健康管理

第3章 もしも……のときの備え

第4章 その日、あなたはどう乗り越えましたか？

COLUMN
わたしとねこの終活

第1章

ねことわたしの老後暮らしのヒント

ねことわたしの老後を考える

「7歳」という年齢は、人間であれば
まだまだ子どもです。

しかし、ねこであれば、
人間の年齢で換算すると44歳くらい。
つまり人生のターニングポイントに
入ったということになります。

わたしたち人間も40歳に差しかかると
人生の折り返し地点に入ったということを実感し、
少しずつ老いを感じ始め、

残りの人生をどう生きようかと考えるようになります。

誰もがいつまでも健康に、
やがて訪れる老後をよりよく過ごし、
悔いのない最期《さいご》を迎えたいと願います。
それはねこだって同じこと。

人生の後半戦をアクティブに、
そして充実した時間を大切なねこと共に過ごすために
今、飼い主としてできることは何なのか。
考えてみませんか？

ねことわたしがよりよい老後を迎えるために

出会った頃と比べて、あなたもねこもお互いに「老けたなあ」なんて思っているかもしれませんね。人間のみならず、ペットの平均寿命も飛躍的に延びています。この章では、よりよい老後を元気に迎えるために、必要な心構えをお話していきます。

ねこも人間も ますます長生きに

2015年の日本人の平均寿命は女性が87・05歳、男性が80・79歳で、いずれも過去最高を更新したことがわかりました。

実は平均寿命が長くなっているのは人間のみならず、ペットにも及んでいるのです。

「一般社団法人ペットフード協会」が発表した2015年度版のデータによると、ねこ全体の平均寿命は15・75歳であることがわかりました。また「家の外に出ない」ねこの平均寿命は16・40歳、「家の外に出る」ねこの平均寿命は14・22歳と大きな差があることもわかっています。

そして人間と同じくメスの方が長生きの傾向にあるそうです。※

完全室内飼いの場合、外敵もなく、事故や病気をもらう恐れも少ないので、天寿をまっとうすることが増えたのでしょう。人間と同じように医療の進歩や栄養価の高いフードの浸透も長生きになった要因と考えられています。

※出典：「アニコム家庭どうぶつ白書 2013」によると、オスの平均寿命は 14.3 歳、メスは 15.2 歳

飼い主さんの高齢化が進んでいる

昨今、なんとも可愛らしいねこを主人公にしたブログやインスタグラムなどのSNSやマンガなどが人気で、ねこにまつわる雑誌や書籍、グッズなどもたくさんみかけるようになりました。

この現象は「アベノミクス」になぞらえ、巷では「ネコノミクス」と呼ばれています。

※ねこの飼育頭数も右肩上がりで、2015年はいぬは991万7千頭、ねこは987万4千頭と、ほぼ肩を並べるようになりました。

飼い主は50代、60代が多い

では、その飼い主さんの世代別飼育状況はどうでしょうか。

20代〜70代の中で、飼育率が高いのは50代、60代となっています。

70代で数字が落ちるのは、おそらく高齢や病気などといった理由から、これまでどおりに飼うことが困難になり、手放さざるをえないという事例が多くなったからと考えられます。

現在、日本は超高齢社会に突入し、今後も高齢化率は上昇傾向が続くとみられています。ねこの飼育頭数が増えることがなければ、飼い主さんである人間のみならず、平均寿命が延び続けている飼いねこの世界も、高齢化社会を迎えることになるかもしれません。

大切なねこが天寿をまっとうしてくれるのは嬉しいこと。しかし、長生きになった分、老いゆえの病気は免れることができません。介護が必要になることもあるでしょう。

超高齢社会を生きる私たちは、まずはその現実をしっかりと受け止めることが大切です。

平成27年 ねこの年代別飼育状況

20代	9.2%
30代	8.9%
40代	9.8%
50代	11.5%
60代	10.9%
70代	7.0%

※一般社団法人ペットフード協会調べ

ねこのライフステージとは

年齢による成長段階の分け方のことをライフステージと呼び、「子猫期」、「青年期」、「成猫期」、「壮年期」、「中年期」、「老年期」のステージがあります。

ねこの1歳は人間でいうと15歳くらいに相当するので、産まれてから1歳までに駆け足で成長を遂げ、おとなのからだになります。

3歳からは1年に4歳ペースで年をとり、6歳までは心身ともに、元気いっぱいに育ちます。

壮年期に突入する7歳は人間でいうと44歳くらい。この時期を境に、動きやしぐさに落ち着きが見られ始めるなど、少しずつ老いを感じるようになります。ねこの平均寿命も延び、充実した壮年期を過ごすことが、長生きの秘訣といえるかもしれません。

11歳を過ぎると中年期、いわゆるシニア期に突入します。15歳からは老年期で足腰が弱まる、視力が低下するなど加齢の兆候がはっきりと出てきます。

ねこの年齢早見表

ライフステージ	ねこの年齢	人間の年齢
子猫期	0－1ヶ月	0－1歳
	2－3ヶ月	2－4歳
	4ヶ月	6－8歳
	6ヶ月	10歳
青年期	7ヶ月	12歳
	12ヶ月	15歳
	18ヶ月	21歳
	2歳	24歳
成猫期	3歳	28歳
	4歳	32歳
	5歳	36歳
	6歳	40歳
壮年期	7歳	44歳
	8歳	48歳
	9歳	52歳
	10歳	56歳
中年期	11歳	60歳
	12歳	64歳
	13歳	68歳
	14歳	72歳
老年期	15歳	76歳
	16歳	80歳

出典：AAFP（全米猫獣医師会）、AAHA（全米動物病院協会）

ライフステージごとに気をつけたいこと

まず、子猫期は猫カリシウイルスなどの感染症にかかりやすいので、ワクチンは必ず打つこと。ちなみにワクチンは生後2ヶ月で1回目を打ち、そこから16週までで1ヶ月ごとに3回打つというサイクルが望ましいです。また、特に注意したいのは異物の誤飲です。おもちゃなどを誤って飲み込んでしまうと手術というケースも少なくありません。やんちゃなのもこの時期ならでは。エネルギーが余り、動くものに興味を持ちます。たくさん遊んであげましょう。

6歳までは病気が少ない世代です。人間でいう20、30代で、ねこの一生で考えると最も心身ともに健康でいられる期間といえるでしょう。

ただし、肥満に関してはご注意を。特に避妊・去勢をしていると太りやすくなります。3歳以降からはねこの行動が落ち着き、運動量も多少減ってくるので、飼い主さんは食事面に気をつけてあげてください。

7歳以降は病気の早期発見のための体重チェックを

7歳以降は腎臓疾患をはじめ甲状腺機能亢進症やがんなどの病気にかかりやすいので、定期的な検診が重要。こうした病気は症状が出にくく、気づくのが遅くなりがちです。毛におおわれたねこは、痩せたことがわかりづらいので日々の体重チェックを心がけましょう。

この時期は動きもだいぶ落ちつきます。食事面では腎臓に配慮されていたり、リンが低めで抗酸化物質が入ったエイジングケアのフードをとり入れるとよいでしょう。

ねこの生涯飼育費用、ご存知ですか？

ねこを飼うにも月々の費用が発生します。フードやおやつ、ねこ砂、ときには医療費など、気がつけば意外と支出はあるもの。ご家庭によって異なりますが、平均で月間の支出総額は約5千円ともいわれており、年間では約6万円に。平均寿命を約16歳とすると、生涯飼育費用は約96万円になります。

現役で働いているうちであれば、その金額も微々たるものに感じるかもしれませんが、年金暮らしに突入したらどうでしょうか。その支給額には個人差はありますが、夫婦2人の老後暮らしだと※、最低限必要な日常生活費は平均22万円という調査結果も出ています。飼っているねこが同じように年をとり、通院の回数も増えれば医療費は大きな負担になってきます。

生活の見直しを含めて、老後の備えについては早くから考えることが大切です。

※（公財）生命保険文化センター「平成25年度 生活保障に関する調査」

心は豊かに モノはマイナスに

ふと家の中を見渡すと、長いこと捨てられずにたまったものであふれ返ってはいませんか？　人生も後半戦に差し掛かると、体力も気力も少しずつ衰えるものです。からだが十分に動くうちに身の回りのモノをすっきりと片づけてみてはどうでしょうか。

ねこグッズであれば、興味をまったく示さなくなったおもちゃなどは思いきって捨てましょう。一度興味を失ってしまうと、その後はなかなか反応を示さなくなるからです。

ただし、お気に入りのベッドやブランケット、キャットタワーなどはねこにとってあるだけで落ち着くもの。できるだけ長く大切に使ってあげてください。

ねことわたしのＱＯＬを考える

近年、ＱＯＬ（クオリティ・オブ・ライフ）という言葉をよく耳にするようになりました。直訳すると「生活の質」。日々、心身ともに自分らしく満ち足りた生活を送れているかを評価する概念のことです。

私たち人間は、病気や加齢によって、これまで当たり前にできていたことが難しくなる日がやってきます。しかし最期まで自分らしく生きたいと願うのは当然のこと。超高齢社会においてはＱＯＬを落とさず、前向きな気持ちで生きていくためのよりよい方法が求められています。

ねこがねこらしく最期までいられるために

ねこもやがては老い、体が弱れば、慣れ親しんだキャットタワーに登ることもできず、トイレを失敗することもあるかもしれません。しかし、そこで悲しんだり、難しく考えるのは止めましょう。ねこは自分の気持ちを言葉で伝えることができません。だからこそ、

ねこが今、何をどうしたいのかを察し、手を差し伸べてあげることが何よりも大切になってきます。それができるのは、長年連れ添った飼い主であるあなたしかいないのです。

若いときとは違う生活の変化が求められます。シニアであればあるほど、ストレスのない環境づくりや、家の中をバリアフリーにしてあげることもQOLを落とさないことに繋がります。

重篤な病気になったとき、どこまで治療するのかは獣医師ではなく、飼い主が決めることです。

ねこにとってのQOL。ねこがねこらしく最期まで生きられるかは、飼い主であるあなたにかかっています。

ねこにとって快適な住まいの環境

ねこの長生きの秘訣は住空間にもあります。もし、あなたのねこが外に出ず、一日中家で過ごすようであれば、快適な住まいづくりは欠かせません。大切なのは、ねこにとってストレスがかからないこと。どんな住まいが理想的なのか、考えてみましょう。

住空間は立体的なつくりにしよう

ねこが暮らす室内は基本的に立体空間になっていることが理想的。キャットタワーやキャットウォークがあれば、室内で走り回ることが遊びになり、運動不足を防ぐことができます。ただし、加齢とともに運動量が落ちてきた場合は落下防止策が必要。タワーなどの下に厚めのマットを敷いたり、高低差がある場所には補助ステップを置くなどして、危険をなくし、環境を改善してあげることが大切です。

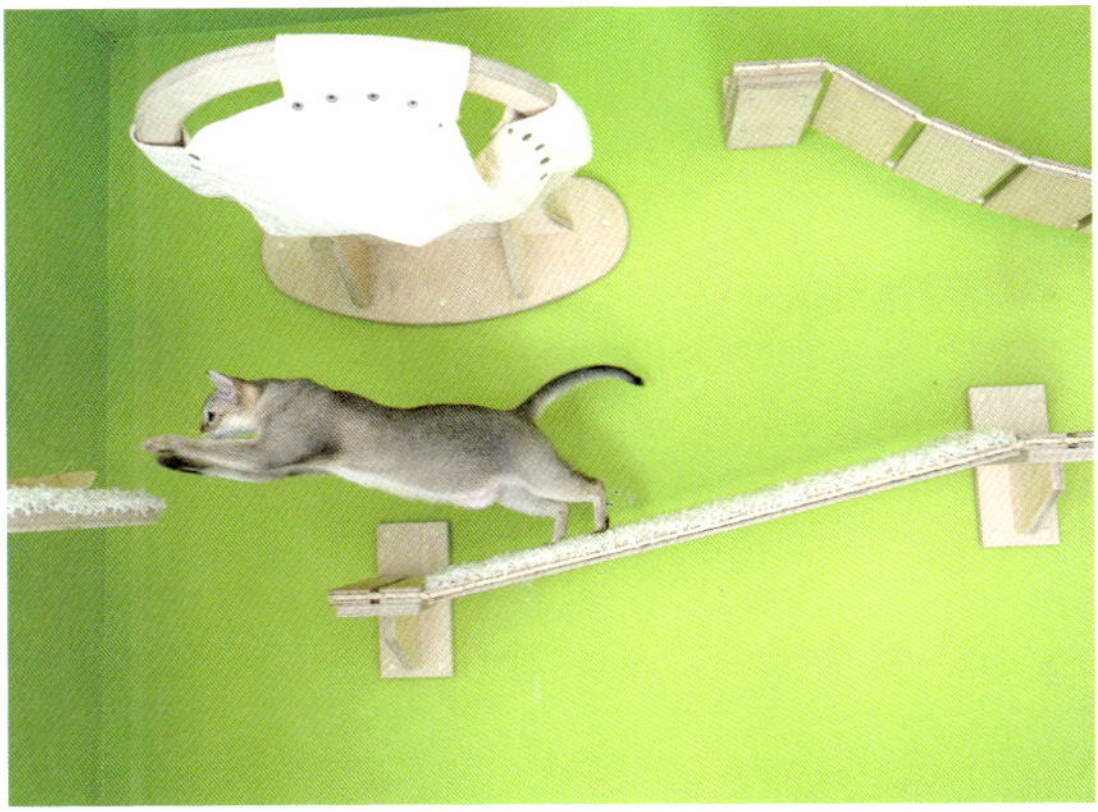

ストレスフリーな住まい環境とは

ねこの最大の敵はストレスです。室内飼いのねこにとって、部屋＝縄張りであり、そこにいることが不快になってしまうと大きなストレスを感じ、病気を引き起こす原因にもなります。

快適な住空間とは、運動できるつくりになっていることや、暗くて隠れられる場所があることです。警戒心の強いねこはいざというときに身を隠せる場所を欲しがるので、暗い場所などにキャリーを置きましょう。通院時の持ち運びとしてもキャリーは欠かせません。あらかじめ慣れさせておくことは大切です。

ねこが窓際を好きな理由

窓があるという環境もねこにとっては意味があることで、外の景色や動くものをみることが刺激となり、ストレス解消になります。ただし、気をつけたいのは、知らない外ねこが視界に入ってしまうこと。その存在をみつけると、大変なストレスとなり、ときに

©nyafe.melange

粗相をすることも。これはマーキング行為で自分の場所だよと主張しているのです。外ねこが目に入りやすい家では、ねこの視線に合わせて窓に目隠しシートを貼ってあげるとよいでしょう。

年をとると、一日のほとんどを寝て過ごすことが多くなるので、ベッドは飼い主の目の届くところに置いてあげましょう。足腰が弱くなってきたと感じたら、ねこに負担がかからないよう座布団にマットを敷いたものをベッド代わりにしたり、ヘリの低いベッドを使うことも一案です。

高齢ねこのトイレ問題、どう解決する？

年をとれば、当たり前のようにできていたことが、できなくなります。でも、これは人間だって同じこと。決して叱ったりしないでください。自然のことと受け止めて、日々の暮らしの中でねこが過ごしやすいように工夫をしてあげましょう。

そのひとつがトイレです。高齢になればなるほど、ねこはトイレに行くことを面倒に感じ、間に合わずに粗相をしたり、場所をまちがえることがあります。

囲いの高いトイレをまたぐのが辛そうであれば、段差のない犬用のトイレを使用したり、ペットシーツを使うとよいでしょう。ペットシーツを使う場合、その上に一握りのねこ砂を置いておくと上手くいきやすいです。少しでも砂があれば、そこがトイレだとわかりますし、足で隠すという行為ができるので、ねこも満足します。

もし、寝たきりになってしまったら、ベッドの上にペットシーツを置いてその都度、処理をしてあげてください。

爪とぎも足腰に負担のないモノを

また、足腰の弱ったねこは、背を伸ばした姿勢で高い場所で爪とぎをすることも難しくなります。からだに負担をかけないためにも、爪とぎは床に置くタイプのモノに換えてあげるとよいでしょう。

季節の変わり目の体調管理

ねこは暑さよりも寒さに弱い傾向にあります。特に高齢のねこほど温度調節が難しくなるので、冬の防寒対策はしっかりと行いましょう。

ねこが好むスペースには保湿効果の高いフリースを置くなどして、いつでも暖かさを確保できるようにしてください。

注意したいのは、こたつやストーブなど暖房器具での低温やけど。人の目が届くところで、注意しながら使用するようにしましょう。部屋の温度は22～24度程度がよいとされています。

暑さ対策で気をつけたいのは熱中症。家を不在にするときは、室温が28度くらいになるようエアコンをつけておきましょう。このとき、からだが冷えてもねこが温まることができるように、ふかふかのベッドや毛布を置いてあげてください。また、直射日光はカーテンで避け、脱水を防ぐために、部屋のいくつかに水を用意してください。ペット用のひんやりマットを置いておくのもよいでしょう。

自宅の中でも事故は起きる

「うちのねこは外に出ないから事故の心配もないし安心」と思ってはいませんか？　確かに家の外では交通事故やほかのねことのケンカなど、不測の事態が考えられます。しかし、家の中でも事故は起こりうるものです。

特に足腰の弱った高齢ねこの場合、高い所からの着地に失敗して骨折するケースが多いです。滑りやすい場所や床にマットを置いておくなどの落下防止策を。

そのほかにも、湯船で溺れる危険性があるので、浴室のドアをしっかり閉めたり、すぐに浴槽の水を抜いておくなどしておきましょう。

また寒い季節、ストーブが原因でやけどをしたり、ねこが近づきすぎて毛が焦げてしまうこともあるので、囲いをつけるなどの工夫をしてください。

あなたの不在時や目を離した隙に大切なねこが事故にあうことがないように、自宅の危険地帯はしっかりと把握しておきましょう。

キャリーに慣れさせた方がいい理由

ねこを飼う上で、キャリーに慣れさせておくことは、とても重要です。病院など目的地に連れていくときに、キャリーは欠かせませんが、意外と見落としがちなのが避難のとき。

災害時、ペットは飼い主との同行避難が基本ですが、ねこなどの小型ペットはキャリーに入れて連れていくのがルールです。

長時間の移動になる場合は、ねこが窮屈な姿勢にならず、通気性のよい広めのキャリーを用意しましょう。

クレートトレーニングをしてみよう

もし、ねこがキャリーに入ることを拒んだり、慣れていないのならば、日常生活で行える「クレートトレーニング」を実践してみましょう。

慣れさせるためのポイントは、ねこにとって、キャリーが安心できる場所になることです。

そのために、まずはリビングなどいつも人がいる所に扉を開けたキャリーを置き、自由に行き来できるようにしておきます。

キャリーの中でおやつやごはんをあげることも有効です。ねこのお気に入りのおもちゃやブランケットを置き、キャリーの中でも快適に過ごせるよう、居心地のよい空間をつくってあげてください。

ねこが安全に身を隠すことができるスペースとして、キャリーを利用するのもよいでしょう。複数の場所に置いておき、ねこがすぐ隠れられるスペースになっていれば、地震などもしものときでも安心です。

column 1

ねこ好きさんに聞く

わたしとねこの終活

MAGIE ディレクター／株式会社アジュバンコスメジャパン美容事業課 課長

宮《みや》脇《わき》華《か》織《おり》さん

profile

数々のショーにてヘアメイクを担当。ミス・ユニバースのヘアーなども手がける。海外での講師活動を経て 2014 年に表参道にてヘアサロン「MAGIE」を立ち上げる。

もっと早くに病院に連れていけば……亡くなったあとにも悔いは残る

我が家の愛猫はレオ（19歳）とミウ（18歳）。高齢ではあるのですが、これまで大きな病気ひとつしたことがなかったんです。

ある日、ミウの食欲がなくなったことに気がつき、ぐったりすることも多かったので病院に連れていくと肺に水が溜まっていることがわかったんです。獣医師さんからも、高齢だから覚悟して欲しいと言われて……。

自宅に連れて帰り、ミウに酸素ボンベを付ける生活がスタートしたのですが、その1週間後に亡くなりました。あっという間でした。ミウは亡くなる直前、挨拶をしてくれたんですよ。呼吸も苦しそうで声も出ない状態だったのに、大きな声で何度も鳴いたんです。それに自分が死にゆく姿を見せたくないのか、私がその場から離れた隙に息を引き取ったんです。

今思えば、もっと早く病院で診てもらえばよかったとか、健康管理にもっと気をかけてあげるべきだったと悔いが残ります。

幸いにもレオはまだ元気なので、ミウが亡くなった後にペットロスに陥ったりすることはありませんでした。自宅にお骨があるからか、寂しさはそんなに感じないんです。それと私の場合、仕事の忙しさが気を紛らわせてくれたのかもしれません。

失った辛さは恐怖になるんです。だから新しい子を迎え入れたとしても、その辛さや寂しさを埋められるものではないと思います。そう考えると、喪失感はまだ消えてないかもしれませんね。

病気ひとつしない
元気なミウちゃん
でした

レオくん（左）に寂しい思いをさせないために迎え入れたのがミウちゃんでした

18歳まで生きたミウちゃん。天寿をまっとうしたのでしょうね

今頃は天国で
遊んでいるのかな

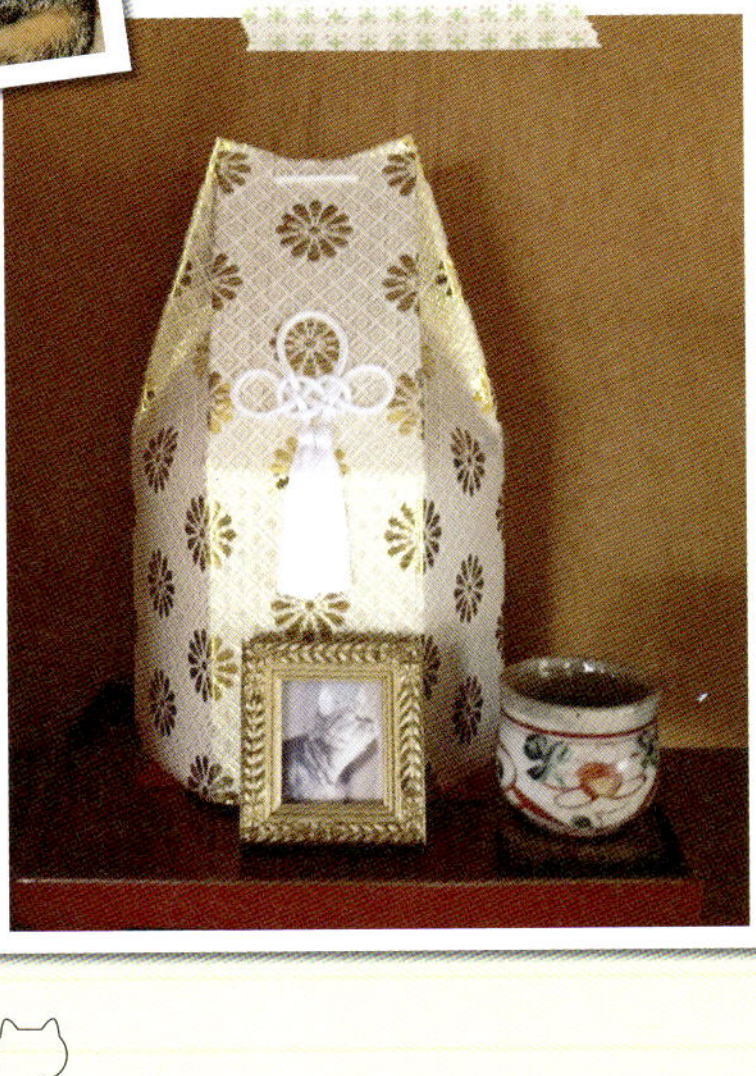

祭壇にはお骨とありし日のミウちゃんの写真を飾っています

第2章

日頃から気をつけたい、ねこの健康管理

一日でも長く、元気でいてほしいから

ひと昔前に比べ、ねこの平均寿命は延びています。
完全室内飼いで外敵がいなくなったこと、
栄養価の高いフードの増加や、
医療技術の進化といった理由もあります。
その半面、さまざまな病気も増えています。

大切な我が子には一日でも長く、元気で暮らしてほしいもの。
そのためにも、ねこの健康管理をしっかり行うことは
飼い主としての大切な役目です。

猫は話すことができません。

だから具合が悪くても言葉で訴えることができません。
いつもに比べて様子がおかしいな?と思うことがあれば
早めに病院へ連れていくことです。

年を重ねることで、人間と同じように、
ねこもからだのあちこちに不調が出てきます。
年齢によってかかりやすい病気も変わってきます。
特に高齢のねこを飼っている方は
注意深く見守ってあげることが必要です。

「あのとき、ちゃんとしてあげていれば……」
そんな後悔をしないためにも、
命を預かる飼い主として、
できる限りの健康への気配りをしてあげましょう。

ねこも人間と同じように年をとる

白髪が出てきたり、足腰や目が悪くなるといった老化現象は人間だけでなく、ねこにもみられます。しかし、ねこの場合はみた目に大きな変化が現れないので、わかりにくいもの。年齢による病気にもかかりやすくなるので、からだの変化に注意してみてあげることが大切です。

目にみえる加齢の兆候

ねこのみた目は大きく変わらないと思いがちですが、実は年をとるごとに少しずつ加齢の兆候がみられます。

たとえば白髪。真っ白な毛を持つ子はその変化がわかりづらいのですが、黒ねこやキジトラなどの毛の色が濃いねこは10歳を越えてから目立つようになります。15歳にもなると、白髪が目立つようになる子が多いようです。

そして毛の艶がなくなるのも加齢現象のひとつ。年をとると毛づくろいをする時間が減るので、毛のパサつきや、毛割れが出始めます。このような状態がみられるようになったら、飼い主さんはこまめなブラッシングをしてあげましょう。

ほかには、目の虹彩にシミが出てくることも。口元でいえば、口臭や歯が抜けたり、歯肉の汚れが目立つようになります。このように、ねこの老化現象は毛、口、目をみるとわかるようになります。

からだの変化

若い頃は、元気に走りまわったり、みるものすべてに興味を持ったりするものです。しかし7歳以降、次第に体力が低下し、動きもゆっくりに。みた目にも少しずつ変化が現れてきます。このような兆候がみられるようになったときが、ターニングポイント。

みた目などのからだの変化で顕著なのは、年とともに毛づくろいの回数が減ってくるため、毛割れやパサつきなどが目立ってきます。また歯磨きなどの習慣がなければ、歯垢の蓄積から歯周病になりやすく、口臭が出ることもあります。

いくつになっても若々しいみた目で、活動的なねこも多いですが、確実に老いは訪れます。飼い主さんは健康管理にさらに気をつけてあげましょう。

毛

毛がパサつく、
毛割れをおこす、
ツヤがなくなる、
白髪が出る

体型

10歳までは太りやすいが、
それ以降の年齢になると
食欲や筋力が衰え、
痩せることも

口

口臭が出る、
歯が抜ける

肉球

表面が乾き、
ひび割れする

爪

爪が厚くなる

行動の変化

ささいなしぐさや行動から老いを感じるようになるのは、人間でいうと60代に突入する11歳以降が多いようです。

足腰が弱くなるので、高い場所に登ろうとせず一日中寝ていたり、登ろうとするにも慎重になることも。歩く様子も何となくゆっくり。おもちゃにも強い関心を持つことが少なくなります。

15歳以降ともなると、本格的な老化が始まるので、認知症になることがあります。また人間と同じように、高齢になると消化する力が弱まり、食欲はあっても痩せることがあります。

ずっと寝ていて、食事やトイレに行かないようであれば、病気の可能性があるかもしれません。「年だから」とは思わずにねこの状態を常に注意深く見守ってあげることが大切です。

1日中寝ていることが多くなる

遊ぶことが少なくなり、お気に入りの場所で1日のほとんどを寝て過ごす

足腰が弱くなる

筋力が衰えることで、食欲が減退したり、トイレに間に合わなくなることも

毛づくろいや爪とぎをしなくなる

お手入れをしなくなるので、毛割れやパサつきが目立ち、爪は厚くなる

反応が鈍くなる

視力や聴力も低下するので、呼んでも気づかないことも

ねこにも健康診断は必要？

ねこは具合が悪くても、自分で不調を訴えることができないので、様子がおかしいなと思ったときには、すでに病気が進行していることも。特に7歳以降は病気にかかりやすいため、健康診断を受けることはとても有効です。

ねこは年齢によってかかりやすい病気も異なり、ライフステージに合った検査を受けることが大切。

6歳までのねこであれば、年1回のワクチン接種時に体重測定や触診など身体検査だけでもよいかもしれません。病気が出やすくなる7歳以降は、血液検査も取り入れるなどして、本格的な健康診断を年に1回受けるとよいでしょう。11歳以上であれば1年に2回、検査を受けると安心です。

たくさんの検査を受けることで、カバーできる病気の範囲も広がりますが、費用がかさんだり、ねこにストレスがかかる心配もあります。その世代に合った適切な検査を受けることが大切です。

病院で受けられるねこの健康診断（一例）

基本検査（年齢問わず受けた方がよいもの）

身体検査
触診、体温・体重測定、視診、聴診など

血液検査
生化学検査、甲状腺ホルモン検査など、血液や内臓の状態を測れる

尿・便検査
泌尿器疾患が多い猫は必須。採取後すぐのものを持参するか、病院で採取する

そのほかの主な検査（獣医師と相談の上、受けた方がよいもの）

レントゲン検査
各臓器を撮影し、形やサイズなどを評価する

超音波検診
レントゲンよりも各臓器を細かく見ることができる

心電図検査
脈拍数や不整脈の兆候をチェック

歯科検診
炎症の有無や、歯周病のチェックなど

眼科検診
眼圧検査、白内障、緑内障をチェック

腎機能マーカー
血液検査よりも早い段階で腎機能の低下を検出できる

T4（甲状腺ホルモン）
10歳以上に多い甲状腺機能亢進症に特化した検査

検査項目を選ぶコツは健康診断の目的を明確にすること。ねこの状態や年齢に合わせて獣医師と相談の上、決めましょう。

自宅でできる健康チェック

病気の早期発見は日頃の健康管理から。飼い主さんは日課として次の項目をチェックポイントにしてみましょう。

体重チェック

ねこが急に痩せた場合は、何らかの病気の可能性があります。しかし、毛におおわれたねこはみた目にはわかりにくいもの。肥満防止のためにも、毎日の体重測定を日課にしましょう。かごや洗濯ネットに入れて体重計に乗せると量りやすいです。ねこの適正体重は個体差があるので一概にはいえませんが、1歳時の体重を目安に。これと比べて15%以上太っていると体重過剰といわれています。

トイレチェック

おしっこの変化は健康のバロメーター。特に気をつけたいのが尿路結石。年齢にかかわらずねこに多い病気で、極端におしっこの量が少なかったり、血尿がそのサインとなります。逆に量が多い場合は糖尿病や慢性腎臓病の場合も。うんちは固くてコロッとした形状がよいとされています。下痢や血便、便秘などの異常がみられた場合、何らかの症状を訴えるものです。いずれも健康なときのおしっこやうんちの状態を把握し、その変化を見逃さないようにしましょう。またトイレが汚いとストレスの原因になりますので、掃除は欠かさず行ってください。

触ってチェック

なでたり、抱っこするなど日々のスキンシップを通じて、ねこのからだに変化はないか注意してみましょう。全体をなでているときに、しこりや腫れ、脱毛などの異常がないかチェックしましょう。顔回りも目や耳に異常はないか、口を開いたときに口臭は強くないか、歯茎は腫れていないか、すみずみまでみてあげてください。

日常生活を見直そう

長生きの秘訣は日々の生活習慣にあります。その習慣づくりは飼い主さんの大切な役目。食事や健康の管理・維持やホームケアなど、今一度見直してみましょう。

水の与え方

ねこの祖先は砂漠で生きていたため、水をあまり飲まなくても平気な生き物といわれていますが、飲む量が極端に少ないと尿路結石や膀胱炎などの病気になりやすくなります。そのためにも水をたくさん飲んでもらうことが病気予防に繋がります。

まずは水を入れた食器の前後の水の量を量り、ちゃんと飲んでいるかチェックしてみましょう。あまり飲んでいないようであれば、水飲み場を増やしたり、水分量の多いウエットフードに切り替えるのもよいです。

器が汚れていたり、トイレから近いと清潔好きなねこは嫌がります。器はキレイに保ち、臭いの気にならない場所で新鮮な水を与えましょう。

水面にヒゲが当たると嫌がるねこも多いので、口の広い器を使うのも一案です。気をつけたいのは硬水のミネラルウォーター。結石の原因となるミネラル分が多いので、避けてください。

高齢ねこのためのフード選び

健康面から考えて、フードは年齢に合わせたものを選びましょう。主食となる「総合栄養食」は子猫用、成猫用、シニア用と年齢別に区切られ、それぞれ必要な栄養を兼ね備えています。

シニア用フードは腎臓に配慮され、抗酸化物質が配合されているなどのエイジングケアが施されています。

ねこが好むからといって若いときと同じフードで同じ量を与え続けてしまうと、シニアのねこにとってはカロリー過多となり、肥満の原因に。

歯が抜けたら フードは食べられない？

結論からいうと大丈夫です。ねこはあまり咀嚼《そしゃく》せずに丸飲みをするので、歯がすべてなくなっても食べることはできます。ただ、年をとると筋力が衰えるので飲み込む力が弱まったり、前かがみの姿勢だと食べ辛さを感じることがあります。高さ10センチほどの台の上に食器を置き、楽な姿勢で食事ができるように工夫してあげてください。

ドライフードは小さい粒のモノにしたり、お湯でふやかせば食べやすくなります。

ドライとウエット、どちらがいいの？

ねこが好んでよく食べる方がよいですが、どちらもメリット、デメリットがあります。

まずドライの場合、ウエットに比べて腐りにくいという利点があります。開封したら1ヶ月で使い切るのが理想です。ただし、水分摂取量が減ってしまうので、食べた分だけ水をたくさん飲ませる必要があります。

ウエットは80％近くの水分を含んでいるので、その分水分を摂ることができます。しかし生ものと同じですので、開封したら冷蔵庫で保存して1日で使い切らなくてはいけません。

歯の健康は長生きのもと

歯周病の原因は、歯垢の蓄積です。悪化すると歯茎が腫れ、歯が抜けるばかりか溶けてしまうことも。また歯肉炎になると腎臓病のリスクが高まるといわれています。

歯の色は白く、歯茎はピンク色が健康な状態。逆に歯茎が赤く腫れ、歯に歯石が溜まり黄ばんでいるようであれば歯周病です。

歯の状態はねこの健康の基盤となるものです。

歯磨きをしてみよう

ねこの健康を保つためにも、歯磨きをとり入れてみましょう。最初は口元に優しく触れ、嫌がらないようであれば、指先にガーゼを巻き、動物用の歯磨きペーストをつけて歯の表面をそっと磨きます。

ねこが歯ブラシを嫌がらなければ、歯と歯茎の間に溜まった歯垢をかき出すイメージで磨いてみましょう。磨くのは、奥歯（臼歯）、犬歯、前歯（切歯）の3つの部位。一日1回できれば理想的ですが、難しければ週2、3回でも効果はあります。磨くのが無理な場合は、市販の口腔内スプレーなどを使ってみてください。歯磨きほどの効果はありませんが歯垢がつきにくくなります。また、口に触れることすら難しいようであれば歯磨き効果のある療法食や、おやつなどをとり入れましょう。

歯垢が歯石になってしまった場合は、歯磨きだけではとれないので、獣医師にみてもらいましょう。

からだのお手入れは飼い主がサポートを

　高齢になるほど、ねこは面倒になるのか毛づくろいの回数が減り、毛割れを起こし、毛玉ができやすくなります。

　本来、ねこはキレイ好きな生き物です。自分のからだが汚れているとストレスになりかねません。飼い主はブラッシングで抜け毛をとり、毛並みを美しく保つお手伝いをしてあげましょう。長毛種は毎日、短毛種は週に1〜2回、毛の生え替わる春と秋は毎日してあげてください。

　からだの汚れが目立つようであれば、ぬるま湯に浸し、しっかりと絞ったタオルでからだを拭いてあげてください。まずは背中全体をタオルですっぽり包むようにし、顎の下からからだの表面を拭き、足先、おなか、しっぽ、お尻の順に拭いていきましょう。タオルが冷えたら、またお湯にタオルを浸してその都度、拭くようにします。

　耳や鼻、目元などの細かい部分も同じように湯に浸し、水気がなくなるまで絞ったコットンで汚れた部分をそっと拭いてあげてください。

伸びすぎると巻き爪の原因に

年をとったねこは爪とぎの回数も減ります。そのため処理ができないと、歩きづらくなるばかりか、巻き爪となり肉球に刺さってしまうことも。ねこが歩くときにカツカツと音がするようであれば、厚くなり伸びすぎた爪がしまえていないというサインです。半月から1ヶ月に1回を目安に爪を切ってあげましょう。

病気のサインを見逃さないために

ねこは自分の病気を隠す生き物だといわれています。最近食欲がないな、寝てばっかりいるなと感じたら、それはねこが発する不調のサインかもしれません。

こんな様子がみられたら、要注意！

普段とは違うささいな変化でも、それは病気の兆候かもしれません。日常生活の中では次のような場面に注意が必要です。

「トイレ」…トイレから出てこない、うんち、おしっこの異変

「食事」…食欲の低下、水をたくさん飲むようになった

「寝姿」…ベッドから出てこない、暗い場所で隠れるように寝ている

ほかにも目元(目ヤニや涙など)、鼻・口（くしゃみや鼻水、よだれ）の異常、足を引きずるような歩き方の変化、脱毛、陰部など1ヶ所を執拗になめるなどの様子がみられたら要注意です。

健康なときのねこの状態をしっかりと把握していることが、病気の早期発見へと繋がります。少しでも違和感があるのなら、獣医師に早めに相談しましょう。

高齢のねこがかかりやすい病気

病気が増えるのは7歳以降から。完治が難しい病気もありますが、早期発見できれば進行を遅らせたり、症状を抑えることができます。

高齢ねこに最も多い病気のひとつ

慢性腎臓病

腎臓組織が壊れ、働きが悪くなると尿として排出されるはずの老廃物がからだに蓄積するため、さまざまな症状がでます。そのひとつが「多飲多尿」。初期ではたくさん水を飲み、たくさんおしっこをするようになり、症状が進むと食欲の低下や体重減少がみられます。壊れた腎臓は回復できませんが、早期発見で進行を遅らせることができます。

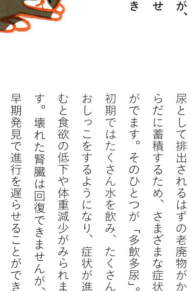

人間の「バセドウ病」に似た病気

甲状腺機能亢進症

喉仏の下にある甲状腺が活発になり、甲状腺ホルモンが過剰に分泌される病気。基礎代謝が上がっているため、座っているだけでエネルギーを消費し、体重が落ちてきます。そのため高齢にもかかわらず食欲が亢進したり、さらに症状が進むと体力や食欲が減退することも。そのほか落ち着きがなくなったり、多飲多尿、嘔吐・下痢などの症状がみられます。治療は投薬でホルモンの分泌量を抑える方法が一般的です。

太りすぎのねこは要注意

糖尿病

インスリンというホルモンが十分に働かなくなると、エネルギー源となる糖がからだに取り込めず、血糖値が高くなる病気。栄養状態の悪化、大量の排尿、神経障害、皮膚障害、免疫力低下がみられ、重症例では意識障害、昏睡などの症状が現れます。多飲多尿や食欲増進がみられたら要注意。肥満や運動不足のねこがかかりやすい傾向にあるので、食事、体重管理に気をつけましょう。療法食とインスリン注射による治療が一般的です。

突然死を引き起こす原因不明の病気

肥大型心筋症

心臓の筋肉が肥大し、十分な心機能を維持できなくなる病気。全身に血液を十分に送ることができず、肺や胸に水が溜まることで、呼吸が荒くなったり、呼吸困難に陥ることも。また心臓の動きが悪くなると、血栓ができやすくなるので、全身のどこかで血管が詰まると、突然死の危険性があります。早期発見が大切で、治療は投薬や血栓を溶かす点滴や、ときには手術をすることがあります。

日々の歯磨きで予防は可能

口内疾患

歯周炎や歯肉炎は歯石以外にも、ウイルスや自己免疫疾患で起こります。炎症などで悪化すると口内が痛むため食事が摂れず、衰弱する危険性も。フードを食べにくそうにしていたり、口周りを頻繁に触るようであれば口内疾患の可能性が高いです。治療は抗炎症薬や抗生物質の投与か、外科的な方法（抜歯）が基本となりますが、歯がなくても支障はなく、むしろ炎症が引くため食べやすくなります。麻酔の必要がある抜歯は高齢だとリスクもあるので獣医師と相談を。

ねこの長寿化で増加

がん

ねこに多いがんは「リンパ腫」「乳腺がん」「扁平上皮がん」など。がんはからだのどこの部位にもできる可能性があり、加齢によって発症率が高まります。がんになるとしこりができたり、胃や腸にできた場合、下痢や嘔吐の症状がみられます。切除や化学療法といった治療が一般的になりますが、高齢のねこには負担が大きいので、獣医師との相談で治療法を決めるとよいでしょう。

動きが鈍くなったら要注意

関節炎

老化による骨の摩耗、変形によって起こる病気。関節の変形や炎症が起こり、痛みを伴います。その結果、毛づくろいや爪とぎをしなくなったり、足をかばうようにして歩く、終日寝ているなど行動に変化がみられます。痛みが弱い場合は、サプリメントなどを与え、強い場合は鎮痛剤を使うのが一般的な治療法になります。

ねこから人にうつる病気に注意

人からねこなどペットにうつる病気はあまりないですが、「人獣《じんじゅう》共通感染症」といって、ペットから人にうつる病気があります。免疫力の低い子どもや高齢者、妊婦などは注意が必要です。主な感染ルートは咬まれたり、引っ掻かれたときや、病気に感染したねこに触れたとき。またねこのうんちやおしっこを媒介する病気もあります。

予防策は、過度な触れ合いを避け、トイレをすぐに片づけ、手洗い・消毒などをしっかりと行うことです。

咬みつき、引っ掻かれることでうつる主な感染症

猫ひっかき病、パスツレラ症、狂犬病

うんち、おしっこを媒介してうつる主な感染症

サルモネラ症、カンピロバクター症、トキソプラズマ症、回虫症

病気のねことの接触でうつる主な感染症

皮膚糸状菌症、疥癬《かいせん》症

ねこにも認知症はある？

ねこの認知症は近年、平均寿命が延びたために顕著になってきたもので、15歳以上のねこの50％は認知症のサインがみられるといわれています。

その症状は人間と似ていて、知っている場所で迷ったり、飼い主がわからなくなることも。ほかにも、同じ場所でぐるぐる回る、理由もなく鳴き続ける、狭い所に入り込み出られなくなる、失禁、トイレを失敗するなどといった症状がみられます。ねこの認知症はこのような行動から判断します。

ただし、ほかの病気が原因で起こる症状もあるので、その見極めについては獣医師に相談しましょう。

たとえ認知症になったとしても、悪化しないように遊びなどを通じて、脳に適度な刺激を与えることが大切です。薬で症状を緩和できるといわれていますが、完治は難しいでしょう。病気と向き合い、ねこのＱＯＬを維持できるようにケアしてあげることが、飼い主の務めとなります。

自宅での介護、看病について

病気や高齢化が原因で、食事やトイレなどこれまで当たり前にできていたことができなくなったとき、介護は始まります。

病気が原因でからだの自由が利かなくなったのであれば獣医師のアドバイスに従い、投薬の仕方を習うなどして、スムーズな看病ができるようにしておくとよいでしょう。

認知症からくる介護であれば、粗相対策や飲食の手助けなどをサポートし、ねこのからだに負担をかけないようにしてあげることです。

大切なのは、飼い主さんが心理的、経済的な負担に押しつぶされないようにすることです。まずはご自身の経済状況を鑑み、介護・治療費用をいくらまで捻出できるのかをよく考えましょう。つきっきりの介護で余裕がなくなり、経済的に苦しくなっては元も子もないのですから。

ご自身のできる範囲で介護をし、寄り添ってあげてください。

悔いが残らない治療のために

ねこが重篤な病気にかかってしまったら、飼い主としてどのような心構えでいるべきでしょうか。

治療効果が高ければ、治療の一貫として手術を受けるという選択もあるかもしれません。しかし、リスクが高くなる場合、痛みや症状を抑える治療法を優先するという考え方もあります。

終末期に差しかかった場合、最期は自宅で看取ってあげたいと願う方も多いことでしょう。ただし、どのようなケアをしてあげるかは、ねこの病気の種類や状態、飼い主の生活、希望によって変わってきます。

大切なのは、飼い主であるあなたがねこのために最善を尽くしたと思えること。治療に関してのメリット・デメリットを担当医とよく相談し、悔いのないよう最終的な判断をご自身ですることです。

＼ 錠剤の飲ませ方 ／

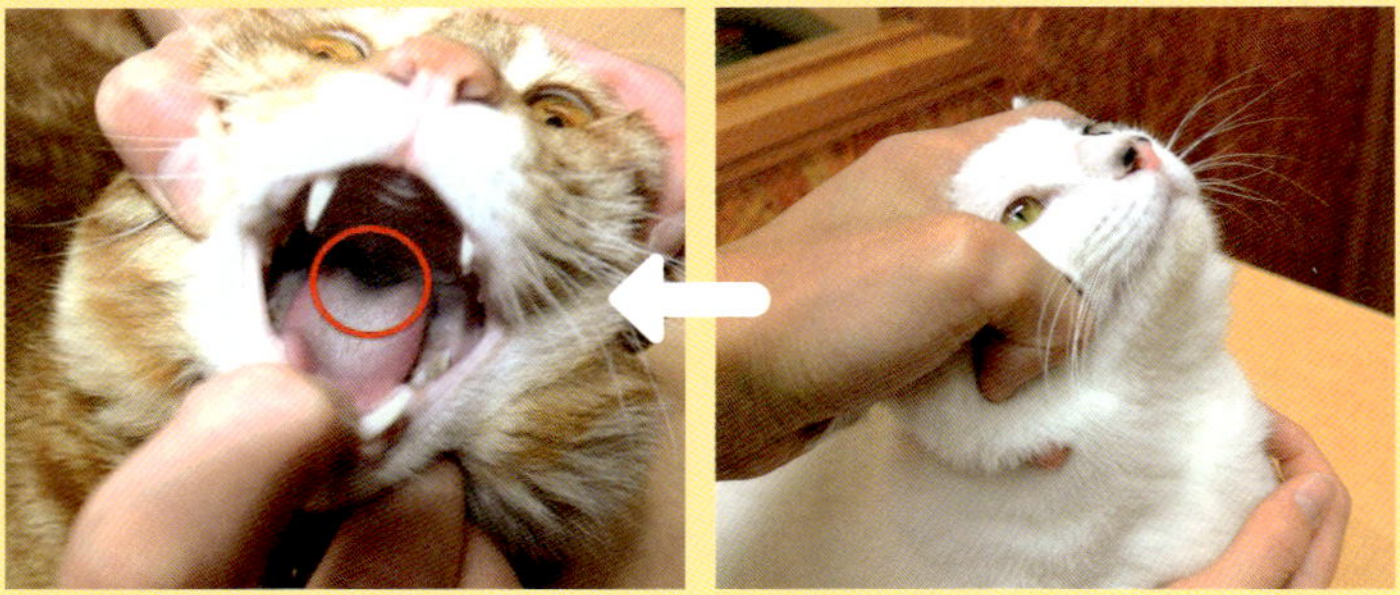

利き手の反対でねこの頬骨を持ち、頭を上に向ける。ねこの前歯に指をかけて口を開け、舌のつけ根に向けて薬を落とす。口内の張りつきを防ぐため、シリンジなどを使って少量の水を飲ませる。

＼ 散剤、シロップの飲ませ方 ／

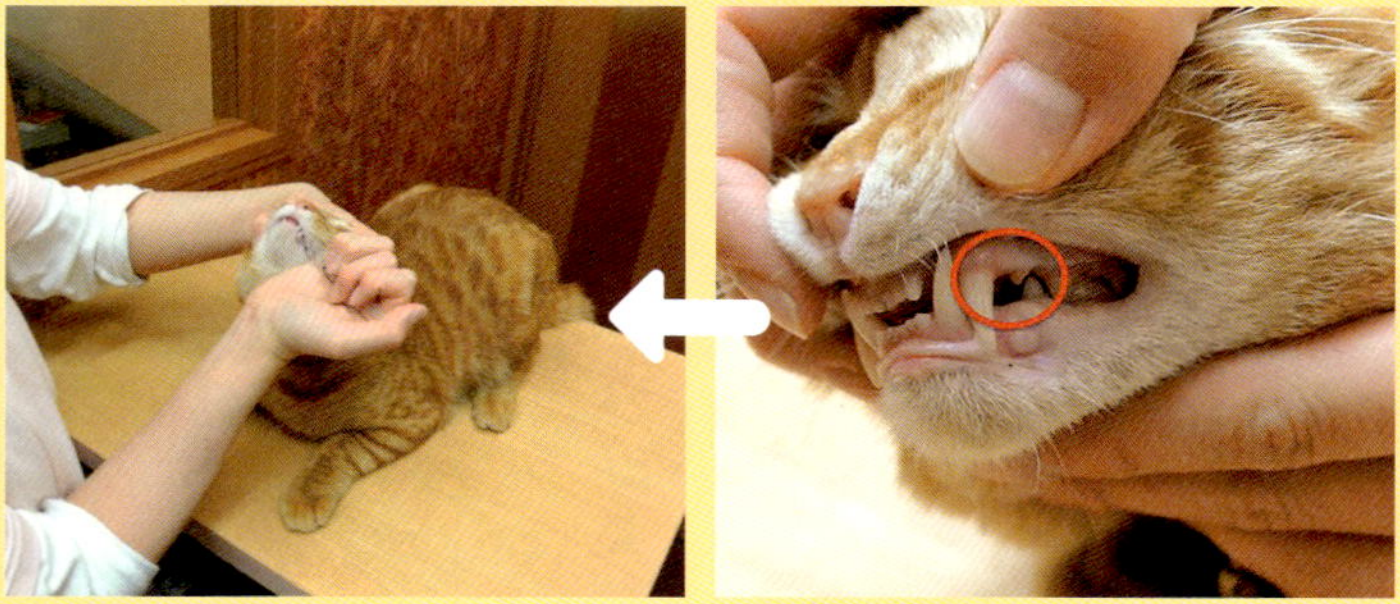

口を開けるために犬歯の後ろにシリンジを差し込み、上を向かせたままゆっくりと流し込んで。量が多いと誤嚥《ごえん》してしまうので、気をつけること。

写真提供／ Tokyo Cat Specialists

自宅介護のポイント

失禁対策

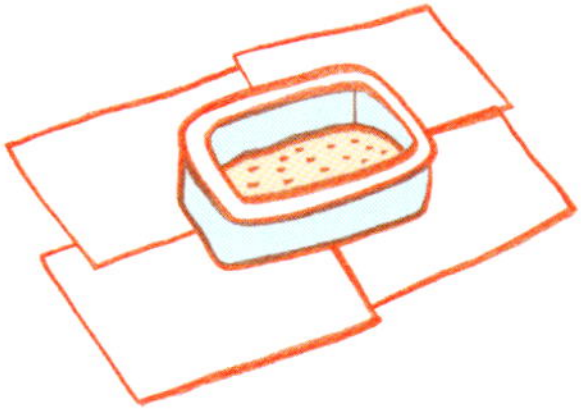

トイレの周りにペットシーツを何枚か敷いておけば失敗しても安心。動きながら失禁する場合はペット用の紙おむつという手も。

床ずれ防止

寝たきりの場合、床ずれを起こすこともあるので、人間用の低反発クッションを使うのもオススメ。寝返りを打てないようであれば、数時間ごとに体の向きを変えてあげて。

水・食事の与え方

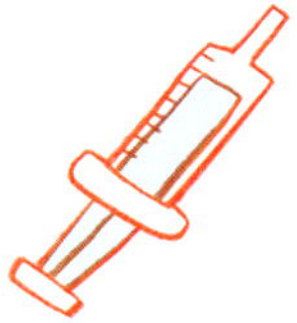

シリンジ

自力で食器から食べられなくなったら、流動食に切り替えて。ねこを膝の上にのせ、犬歯の後ろにシリンジの先を入れて、ゆっくりと流し込む。

ペット保険、加入すべき？

ペット保険に入るべきか迷っているという飼い主さんも多いことでしょう。まず、知っておかなければいけないのは、加入できる年齢制限を設けているペット保険会社が多いということ。いざ保険に入ろうにも、会社によっては8歳以上は加入できないなどのケースがあります。

次に気になるのは、保険料の支払い。各社によって保険料にはバラつきがあり、補償対象の内容にも大きな差があります。年齢ごとに掛け金も違いますし、通院と入院のみ、もしくは手術代のみ適用など、診療形態によっても保険料は変わってきます。

ペット保険は高額商品が必ずしもよいというわけではありませんが、安い商品には補償内容が限られるなどの理由があるものです。

保険金が支払われないケースとは？

病院で治療や検査を受けたからといってすべてに保険金が支払われるわ

けではありません。たとえば、契約者・被保険者の故意、重大な過失などによるもの、自然災害、既往症・先天性異常等、妊娠・出産にかかわる費用、去勢や歯石取り・肛門腺しぼりなどのケガや病気に当たらないもの、ワクチン接種、健康診断などについては保険適用外となります。

一日の支払限度額や限度日数が決まっていたり、健康なうちにペット保険に加入していても、後に慢性疾患や遺伝性疾患などを発症してしまうと、その病気が対象外となってしまう会社もあります。

もしものとき、ペット保険に加入していることで、安心を得られるなどのメリットもあります。大切なのは契約内容を熟読し、ご自身が納得できる商品を選ぶことです。

column 2

ねこ好きさんに聞く

わたしと ねこの終活

編集者

長谷川恵子《はせがわけいこ》さん

profile

編集者。関西出身、東京在住。スポーツ新聞社入社後、出版業界に入る。実用書のほか、女性書、ビジネス書、人文書などを担当。現在は黒猫のみー子ちゃんのためにお迎えした、茶トラのビフテキと２人暮らし。

ペットロスは離れてもそばにいると思えたときに、立ち直れる

私にとって、子どもであり、親友であり、家族であり、私を支え、元気づけ、笑わせ、成長させてくれた、かけがえのない存在。それがみー子ちゃん。

病気が発覚して、たった5日間で逝ってしまいました。

それからというもの、3ヶ月間は誰とも連絡をとらず、家ではずっと泣き通し。なんでもっと早く病気に気づいてあげられなかったのか、後悔と悲しみと喪失感ですべての希望を失った気持ちになってしまったんです。

子どもがいない私にとって、みー子ちゃんは我が子も同然。ねこを亡くした人の本やネット記事を読み漁ったのですが、何を読んでも悲しみが消えることはありませんでした。

ペットロスが癒えない中で、何を思ったのか「みー子カフェ」を作ろうと……。数千万円のローンを組み物件を契約したのですが、瑕疵《かし》が見つかり契約は解除。ただただ、みー子ちゃんのために何かしてあげたかったのですが、あまりにも無謀な行為をみー子ちゃんが止めてくれたとしか思えません。

みー子ちゃんが死んで、多くの友人が駆けつけ、「天使のような子だった」と一緒に涙を流してくれたんです。大切な人たちに支えられ、悲しみがいつしか癒しに変わっていきました。

ようやく納骨を済ませ、ふと空を見上げると大きな虹が。「ああ、天国に行ったんだな」。そう思えることがようやくできました。

元気な頃の
みー子ちゃん

茶トラのビフテキとも
よく遊んでいました

腹膜炎は呼吸が浅くなるので、酸素室をレンタル。元気になってほしかったけれど……。

あれ？
みー子ちゃんが
カバーに
なってる

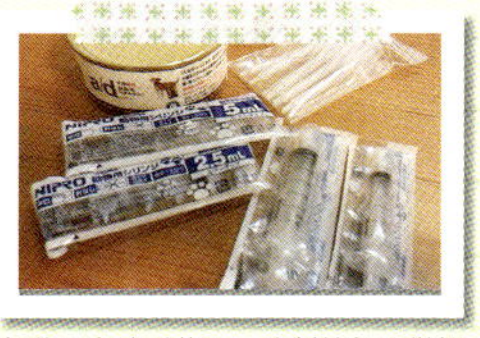

急激に食欲が落ち、強制給餌も覚悟してそろえたスポイト。でも使うことなく、逝ってしまいました。

みー子ちゃんが使っていた首輪をキーホルダーにして。いつもそばにいる。

第3章

もしも……のときの備え

飼い主として準備しておきたいこと

できることなら、ねこの一生を見届けてあげたい……。
それが飼い主としての務めであり、責任です。
しかし、その逆のことも当然あり得るのです。

最近、よく聞くのは、高齢や病気などが原因で
世話ができなくなってしまったというケース。
ねこの世話を引き受けてくれる
家族や知人が近くにいればよいのですが、
そうではない場合、
信頼できる新しい飼い主をみつけるなど、
事前の準備をしなくてはいけません。

あなたもねこも人生のターニングポイントを折り返したら、
先々のことを考えるタイミングに入ったということです。

お別れは突然やってくるかもしれないし、
寿命を迎えてのことかもしれません。

嬉しいときも、悲しいときも、
いつもそばにいてくれた、かけがえのない存在。
ねこだって、そう感じていることでしょう。
あなたと過ごせた日々は満ち足りた生活だったのだから。

一緒にいてくれてありがとう。
最期のときを迎えたら、
そう感謝して、見送ってあげましょう。

自分のこれからのこと、考えていますか？

ねこの寿命は長いようで短いもの。だからこそ、命が尽きるその日まで一緒にいてあげることが飼い主の役目です。しかし、その一方で飼い主が高齢に差しかかり、病気など不測の事態でねこを手放さざるを得ないケースが増えています。自分とねこのこれからのことを考えてみましょう。

新しい譲渡先をみつけておく

自分の身に何か起きたとき、残されたねこはどうなるのか、ちゃんと考えていますか？　もしものときのためにねこのお世話を頼める相手を必ず見つけておきましょう。

たとえば、体力的にねこの介護をするのがきつくなってきたのであれば、ペットシッターなど民間事業者のサービスを利用するのも一案です。

一時的な預かりを考えているのであれば、身内やねこ好きな知人に依頼したり、近隣のペットホテルという手も。

そして、どうしても飼うことが難しい状況になったとき、新しい飼い主にゆだねることも考えましょう。

方法としては、かかりつけの動物病院や動物愛護ボランティア、お住まいの自治体などに相談したり、老猫ホームや里親探しのサイトを利用してみるのもよいかもしれません。

いずれにせよ、ご自身が元気なうちに考えておくことが大切です。

ねこに遺産は相続できるの？

もし、自分が先に旅立つことになったら、残されたねこに遺産を相続させたいと思う方もいるかもしれません。

結論からいうと、ペットに遺産相続をすることはできないのです。法律上、ペットは「モノ」扱いとなり、財産を相続するための権利義務がないからです。しかし、遺言書などを使うことで、ねこの面倒をみてくれる人に財産を贈ることは可能です。

「負担付遺贈」とは

財産を贈る代わりにペットの面倒をみてもらうことを遺言書に託す方法です。「遺贈」だけならお金を贈ることになりますが、ねこの飼育義務が発生する「負担」がつく、ということです。

ただし、この方法は受贈者（財産を贈与される人）の合意がなくても遺言者（ペットの飼い主＝贈与する人）の意思で一方的に遺言書が作成できるため、いざ蓋を開けてみると、受贈者が「ねこも財産もいらない」ということになりかねません。また、遺言書には法的な効力があるので、受贈者がお金だけもらってねこの飼育義務を放棄した場合、遺言者の身内など関係者から義務違反で裁判を起こされる可能性も。

「負担付死因贈与契約」とは

贈与者と受贈者との間で「自分の亡き後、ねこの世話をしてくれる代わりに財産を贈る」と契約書を交わす方法です。贈与契約はお互いの合意によりなされるため、負担付遺贈より確実性が高いといえるでしょう。双方合意の上に契約を結ぶので、一方的な契約の放棄は認められません。「負担付遺贈」もそうですが、このような方法を取る場合、ねこのお世話がきちんとされているか確認する遺言執行者※を指定しておくとよいでしょう。

いずれも家族（身内）以外の人や団体を受贈者として指定することができますが、子どもなど法定相続人が最低限相続できる財産より多くなってしまうとトラブルのもとになりかねないので、配分についてはよく検討することです。

※遺言の内容を実現するために必要な手続きなど行う人。

ペットのための信託とは？

信託を利用してペットに財産を残すという方法に注目が集まっています。利点としては、信託財産は飼育費以外には使用することができないことなどが挙げられます。

ペットのための信託の仕組み

信託を簡単に説明すると、委託者（ペットの飼い主）が受託者（信託会社など）に財産を預け委託者に指定された新しい飼い主（ペットを預かる施設を含む）はペットの飼育費用として月々決まった金額を受託者からもらう、という仕組みです。

委託者にもしものこと（死亡や認知症など飼育が困難になった場合）が起きたときから信託はスタート。新しい飼い主がきちんとお世話をしているかチェックする第三者の信託監督人を置くことも可能です。

肝心なのは、新しい飼い主となる譲渡先です。身内でも他人でも、ご自身が生きている間に信頼できる相手を見つけておくことです。

信託に関して詳しくは、ペットの信託を扱う信託会社や行政書士、弁護士などに相談してみてください。

エンディングノートも用意

譲渡先が無事に見つかったら、ねこの情報を記したエンディングノートを用意しておきましょう。

新しい飼い主に向けて書くもので、持病の有無や好きなフードやおやつ、かかりつけの病院、ワクチン、これまでの生活習慣（食事の量や時間）などの情報を盛り込み、次の環境でもスムーズなお世話ができるようにしておくことです。

お別れが近づいてきたら

命ある限り、その終わりは必ずやってきます。もしかすると予期せぬタイミングかもしれないし、闘病の末のお別れかもしれません。そのときを迎えたら、飼い主として心構えはどう持つべきか、普段から考えておくことはとても大切です。

その日を迎える前に

自力でトイレに行くこともできず、食事もとれずに衰弱し、ずっと寝たきりであれば、もう長くはないかもしれません。お別れの日は近づいていると、覚悟を決めるときです。

入院や通院をしているのであれば、延命措置を行うのか、それとも自然に任せるのか、決断を迫られるときがくるかもしれません。飼い主であれば一日でも長く生きて欲しいと願うのは当然ですが、治療に伴う金銭的負担はどこまで耐えうるのか、現実的に考えてみることも大切です。

できることなら、最期は住み慣れた我が家で穏やかに旅立ってほしいもの。後悔のないよう、残された時間でできるかぎりのことをしてあげましょう。なでられることが好きだったのなら、たくさんなでてあげましょう。抱っこが好きだったら、そっと抱きしめてあげましょう。

その小さな命の灯が消える瞬間まで、寄り添ってあげることです。

その日を迎えたら

永遠の別れを迎えたその日、頭ではわかっているものの、ひどく落ち込み、何も手がつけられなかったり、正常な判断ができなくなるかもしれません。

しかし、飼い主としての最後の役目があります。大切なねことのお別れは受け入れがたいものですが、自分の気持ちに整理をつけるためにも、天国へ旅支度をしてあげましょう。それが飼い主としてねこにしてあげられる最後のお世話です。

旅立つ前に

まずは安置するための準備を行いましょう。亡骸を清めるために、からだをきれいに拭き、ブラッシングや爪切りをしてあげてください。

段ボールや木箱、ペット用の棺などを用意して、その中に安置してください。死後、体液が出てくることがあるかもしれないので、ペットシートを敷き、その上にねこがお気に入りだったブランケットや毛布などを入れてあげましょう。

夏場であれば、亡骸が痛まないようにアイスパックを敷き、涼しい場所に置いてください。

最後のお別れに

ねこにとっても住み慣れた我が家で過ごす最後のひとときです。

お花を手向け、ねこが好きだったフードやおやつ、愛用のおもちゃなどを供えましょう。そして、これまで過ごした時間を思い出して、語りかけてあげてください。

後悔しない弔い方

いよいよ、最後の見送りです。亡骸は火葬してからペット霊園に埋葬したり、自宅に祭壇をつくり骨壺を置き供養するケースも多いようです。

火葬にも いろいろある

ペット専門の葬儀会社やペット霊園などに火葬を依頼する場合、ほかのペットと一緒に火葬する「合同葬」があります。この方法ですと、お骨を引き取ることはできず、火葬後に合同墓地などに埋葬されます。

個別に行う「個別葬」は1匹ずつの火葬で、遺骨を返してくれます。

「立ち合い個別葬」は人間のようにお骨上げを行う方法で行います。

また火葬場が近くにない場合、「移動火葬車」に依頼するとよいでしょう。自宅近くまで火葬炉を備えた専用車両が来てくれて、火葬する方法です。こちらの方法は近隣に配慮するなどの注意が必要です。

自治体での火葬もある

火葬を請け負う自治体も多く、業者に頼むよりも経済的という利点があります。ペット専用の火葬炉を持つ所もありますが、中にはごみ処理場での焼却となるケースも。

自治体によって火葬の方法は異なりますし、お骨の返却もしないことがほとんどのようですので、事前の確認が必要です。

納骨や埋葬について

ご自身が安心、納得できる方法で遺骨を納めましょう。これといった決まりはないので、一般的に行われている方法をご紹介します。

自宅に保管

自宅に保管したい場合、部屋の一画に祭壇をつくるとよいでしょう。ありし日の写真を飾り、骨壺と共に保管します。

個人所有の敷地内であれば庭に埋葬

するという方法もあります。50センチ以上の深さの穴を掘り、タオルなどにくるみ埋葬を。その際、埋葬場所がわからなくならないように目印にお花を植えるのもよいでしょう。

ペット霊園に埋葬する

ペット霊園は1匹だけで入る専用の墓地と、ほかのペットと一緒に埋葬される共同墓地があり、それぞれ費用も異なります。

屋外墓地とは別に、納骨ができる専用施設を持っているペット霊園も増えています。ロッカー式もしくは棚式と呼ばれる種類があり、1匹で入るタイプの墓地に比べて費用はかかりません。

近年では、ペットが飼い主である人間と一緒に入れる墓地も出てきています。先にペットが入ることも可能。

散骨

動物の場合、散骨に際し法的な規制はありませんが、常識の範囲内で行いましょう。遺骨を粉砕し、海や川、山などに散骨します。

中には悪質なペット葬儀業者も少なくありません。前もって、動物病院やネットなどのクチコミで調べておくことが大切です。

いつも一緒にいたいから

飼い主であれば、家族同然だったねこをいつまでも忘れたくない、その存在をずっと感じていたいものです。このような気持ちをメモリアルグッズとして形で残せる方法があります。

おうちで供養

ペット専用の仏壇や仏具をそろえてみるのもよいかもしれません。専門店には香炉、ロウソク立て、供物皿、水入れ、花立てなど一式がそろっています。

身に着けられるグッズ

ペンダント　メモリアルグッズでポピュラーなのは遺骨の一部を入れられるペンダント。肌身離さずアクセサリー感覚で身に着けられます。

カプセル　遺骨や遺毛などの一部を小型カプセルに入れます。入る大きさの遺骨がない場合は、細かくしてから。お守り代わりに持ち歩く方も。カプセルに名前などを刻印してくれるショップもあります。

写真から位牌を作る

生前のねこの写真を用いて作ります。名前やメッセージを刻印することも可能なので、世界にひとつだけの位牌をつくることができます。

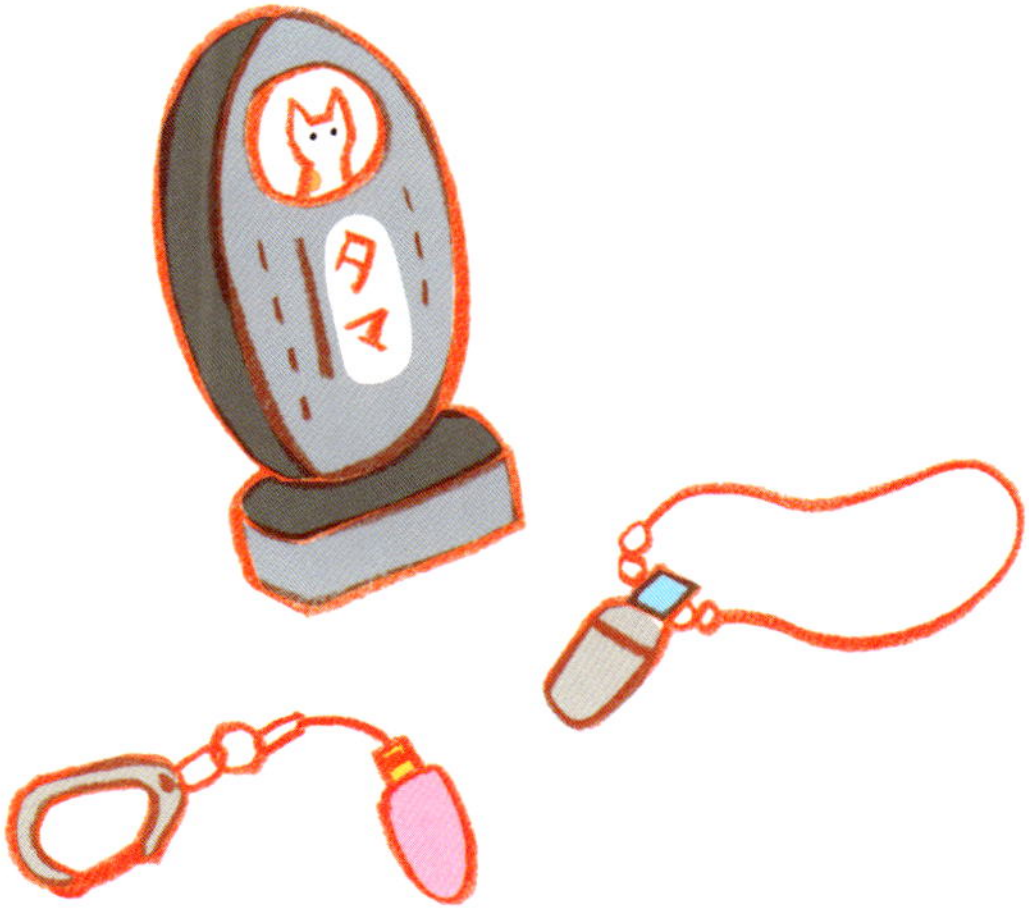

ありし日の姿を人形に

元気な頃の姿に似せた人形をつくってくれる専門店があります。祭壇や玄関に飾れば、あの頃にようにいつでも一緒にいられる気持ちに。

「メモリアルグッズ」というキーワードでネット検索すると、趣向を凝らしたモノを数多く探し出すことができます。ご自身が望む形で偲びましょう。

column 3

ねこ好きさんに聞く

わたしとねこの終活

ヘアメイク

門永《かどなが》あかねさん

profile

SABFA卒業後、ヘアメイク事務所に勤務。2005年からフリーランスとして舞台・雑誌・TV・MVなどアーティストや俳優を中心にヘアメイクとして活動中。

かさむ医療費は日々の"猫貯金"でカバー

うちには今年11歳になるジルとわさびがいます。ジルは5歳で尿路結石に、その後は腎臓を悪くして死の淵をさまよい、さらに肝臓も悪くして……。慢性腎臓病で腎臓のひとつは機能していないんです。腎臓、肝臓にいいものをあげるようにしていますが、そんなに食べる子じゃないので、まずは好んで食べてもらえるフードをあげるようにしています。

わさびは前に尿路結石になったものの、今は健康で自己管理ができているのか、ずっと体重が変わらないんです。人間に比べてねこは短命ですし、からだにいいものというよりは、生きているうちにおいしいものをあげたいと思うようになりました。

子ねこの頃はペット保険に加入していたのですが、いざ使おうにも手続きが煩雑で保険適用も少なかったので、1年で止めました。それからは何かあったときのために、猫貯金として自分で積み立てています。

ジルは慢性腎臓病なので週2回のペースで定期検診しています。完治しない病気なので、今の状態のままで天寿をまっとうしてほしいと願っています。逆に健康なわさびは年1回の検査。ただし、毎日のように体重を量って健康状態をチェックしています。

医療にはお金がかかると痛感しています。ジルが5歳で大病したときは、手術と入院で30万円ほどかかり、その後の通院費もバカになりません。自分の貯金はすべて猫貯金と化しています（笑）。

ジルくんと
わさびくん
長生きしてね

子ねこの頃の
ジルくん

すっかり大人に
なりました〜♪

2匹のために
常に何種類かのフードを用意

「生きているうちに
つくっておくと長生きする」
と聞いて、門永さんが
ねこたちのために焼いた骨壺

第4章

その日、あなたはどう乗り越えましたか？

ねことの思い出は一生の宝もの

初めて我が家に来た日のことを覚えていますか？
慣れない環境に怯えていたり、
飼い主であるあなたに
なかなかなつこうとしなかったり。
世話をするのも一苦労だったかもしれませんね。

気がつけば、我が物顔で家の中を駆け巡り、
ご飯をもっとちょうだいと
足元でせがんだこともあったでしょう。
飼い主であるあなたの帰りを待ち、
戻ったあなたをみつけると、嬉しそうな表情で

駆け寄ったこともあったでしょう。
温かい布団で一緒に寝ていたこともあったでしょう。

ねこと過ごす日々は楽しく、心安らぐものです。
永遠にその時間が続くと感じたこともあったかもしれません。

ねこはその一生を、人間よりも速いスピードで駆け抜けます。
ねこの寿命は人間よりも短いもの。
お別れはいつか必ずやってきます。
それを理解しておきましょう。

その日がきたら、思う存分
悲しみと向き合ってください。

悲しみとの向き合い方

受け入れがたいことですが、ねことのお別れはいつか必ずやってきます。大切な存在を失ってしまうと、飼い主さんは自分を責めてしまいがちです。後悔しないためにも、今からできることや心構えを考えてみましょう。

ペットロスにならないために

ねこを亡くした後、「自分がもっとしてあげられることがあったのではないか」とひどく落ち込んでしまう飼い主さんは少なくありません。

もし、あなたのねこが、闘病中だったり、余命いくばくもないようであれば、大切なのは共に今を懸命に生きるということです。

たとえばできるかぎりの治療やケアをしてあげたり、一緒にいられる時間を増やすなど、ねこのために自分は何ができるのかを最大限まで考え、悔いの残らない日々を過ごすことです。

そして、そのときがきたら……。

死という現実を受け入れ、深い悲しみと向き合ってください。悲しみも、やがていつかは思い出に変わります。時間が必ず解決してくれるものです。

その日が訪れるまで、無理をせずにゆっくりとご自身の悲しみを癒してください。

ねこを失った飼い主さんたちの声

多頭飼いで、これまでに
3度の別れを経験しました。
何度経験しても、
ああすればよかった、
こうすればよかったという
後悔の念に駆られるし、
悲しみに慣れることは
ありません。

「たかがねこ1匹」と
思われるかもしれないが、
食事も喉を通らないし、
仕事も手につかない。

大往生だったので最期を迎えたときは、
さほどショックはなかった。
でも、毎日寝ていたクッションの上にいない、
ふてぶてしくエサをせがんでくる姿がない、
ズーズーという鼻息が聞こえてこない……
じわじわと悲しみがきた。

18年間ずっと一緒に過ごしていたねこ……。
かなり弱っていたから覚悟はしていたけど、
やっぱりショックだったし、
なかなか受け入れられなかった。
今でも、ソファの下やカーテンの隙間から、
ひょっこり現れるような気がする。

12年間、何度も怪我や病気と闘ったうちの子。でも、瞼に焼きついているのは、やんちゃで甘えん坊な僕を笑顔にさせてくれる姿だ。

あんなに元気だったのに、
仕事から帰宅したら倒れていた。
苦しかったのかも、
助けを求めたのかもと思うと
かわいそうで、かわいそうで
泣きながら何度も何度も謝った。

頭では、もうこの世には
いないのだから、
前を向いて生きていかなきゃと
わかっているのですが、
もっと可愛がってやればよかった、
別の病院で治療すれば助かったかも、
最後の日いっぱい
からだをさすってやりたかったと、
悔やまれることがたくさんあって、
ずっと悲しみに暮れていました。

甘えてくるのは
ご飯のときだけ。
マイペースに
生きるタイプで、
じゃれて遊ぶことも
あまりなかったけど、
いなくなると家族
だったんだなぁと……、
心にポッカリ穴が
開いた気分。

生きものを飼うことの意味を、身をもって教えてくれた気がする。

ひどく気落ちしている私を
心配した友達が、お花を持って
お線香をあげに来てくれました。
友達が一緒にいてくれたことは
大きな救いになりました。

本能のまま生きていた。
けれど、腫瘍が
見つかってからは、
何とか長生きしてほしいという
私の思いから、本能とは
違う生き方を
させてしまった気がする。
幸せだっただろうかと
考えてしまう。

供養していただいたお寺の住職さんが
「首輪やお写真、お手紙も
一緒にお預かりしますよ」と
言ってくださいました。
子どもたちと、たくさんの思い出と感謝と
「ずっと大好きだよ」という気持ちを
手紙にしたため、持っていきました。

覚悟はしていたものの、
想像以上に壮絶な最期だった。
きれいごとだけでは語れない。
衰弱した我が家のねこに
「がんばれー、がんばれー」と
必死に応援する息子たちの姿に
心を動かされ、最後は夫も私も、
家族みんなで「がんばれー」と
泣きながら声をかけ続けました。
たくさんの思い出をありがとう。

一緒にいる時間が一番長かった母が
ペットロスになってしまうのではと心配でした。
母を気遣うことで私の気持ちの整理もつきました。

掃除や衣替えをしていると、
今でも白い抜け毛を発見します。
置き土産ですかね。

**同居のねこが、
帰ってくることのない相棒を
探すように家の中を
ウロウロとさまよう。
一緒に悲しみを乗り越えて
生きていこうと
ギュッと抱きしめて
言い聞かせる。**

腎不全で長いこと動物病院に
お世話になりました。
辛そうだったり、点滴を嫌がる姿を見て、
「治療を続けているのは、飼い主のエゴですかね」と
つぶやいた私に、先生は
「そんなことはありませんよ、一生懸命生きたいって
頑張っているでしょう？　感謝していますよ」
と言ってくれた。
この言葉が今でも救いになっています。

毎朝、僕の顔の上に
ドサッと覆いかぶさり
起きてアピール。
ゆっくり寝たい日でも
お構いなしで
勘弁してくれって感じだった。
あのズシッと重たい
モフモフの感触……
もう味わえないんだなぁ。

**お皿やごはん、おもちゃ、
トイレ、首輪、
お気に入りの
クッションや箱……。
愛用品を片づけるときも、
可愛くてドジで
やんちゃな姿が目に浮かんで
涙が止まらなかった。**

悲しみの乗り越え方

ねこが亡くなった直後は見送りの準備に追われ、慌ただしい時間に気をとられてしまいます。そして、いったん落ち着くと、大切な存在を失ったという事実に改めて気づかされます。お別れした後は、その悲しみに苦しみ、しばらくは立ち直れないこともあるかもしれません。

気持ちの整理をつけるためにも、辛く悲しい気持ちを言葉にして、思いっきり涙を流し、悲しみを心の中に閉じ込めないことが大切です。

悲しみや思い出を共有する

あなたのねこを知っている人に、たくさん話を聞いてもらいましょう。ねことの思い出を話すことは心の整理にもなります。また、あなたと同じく大切なねこを失った人と悲しみを共有するのもよいかもしれません。

中には「たかだかペットのことで」と、ペットロスを理解できない人もいるかもしれませんが、周囲の無理解や偏見は気にしないことです。

ねことの日々をアルバムにしたためる

ねことの楽しかった思い出に浸るのもよいでしょう。写真を飾ったり、撮りためた写真でありし日を懐かしみながら、アルバムをつくってみてはどうでしょうか。生きているときのさまざまな表情やしぐさに思いを馳せることが供養にもつながります。

もし日常生活に支障をきたすようなひどいペットロスに陥ってしまった場合は、心理カウンセラーなどに相談してみてください。

悲しみはいつか必ず癒えるものです。少しずつ心のケアをしていきましょう。

column 4

ねこ好きさんに聞く

わたしとねこの終活

グラフィックデザイナー

草野《くさの》リカさん

profile

フリーのグラフィックデザイナー。夫とねこ２匹と暮らしています。先住ねこの 15（いちご）と 35（さんご）は道で出会い、今の 22（にに）と 99（くく）は里親サイトでの縁で飼うことに。
Instagram → https://www.instagram.com/153522/

頼れるねこ友がいても、最期はやはり自分で看取ってあげたい

先代の2匹は腎臓の病気で、調子の悪さに気がついたと思ったら、あっという間に亡くなってしまいました。特に35（さんご）は、いつもベッドの下に隠れていたので、ぐったりしていた様子がわからなかったんです……。自分の責任だったと今でも悔いが残っています。

今年12歳になる22（にに）は水をたくさん飲む方ではないので、フードはウエットとドライの併用。一日中寝ていることも多いので、目覚めたら水を飲ませるようにしています。4歳になる99（くく）と仲よしで、いつも一緒に走り回っているので、運動代わりになっているのかもしれません。

夫婦二人暮らしなので、自分たちに何かあったときは友達に2匹を託せるよう約束をしているんです。逆にその友達に何かあったときには私たちが引き取ることになっています。

友達の住むペット共生公団は契約時に「ペット飼育申請書」を提出するのですが、飼い主にもしものことがあった場合の引き取り先を書く欄があるんです。このような仕組みがもっと広まるといいですよね。

お互いに頼れる存在があるのは心強いけれど、やっぱり最期は自分で看とってあげたいもの。40歳を過ぎると先々のことを考えるようになりました。20代の頃はそんな風には思わなかったんですけどね（笑）。

©M.Izumiyama

ありし日の15。
享年13歳でした

12歳になる22。年齢を感じさせないほど元気です！

©M.Izumiyama

先代の15と35。2匹とも長生きでした

ゴロゴロ大好きにゃん

11歳で亡くなった35

長生きをサポートする

高齢ねこのための お役立ちグッズ

運動能力や食欲など体調の変化に合わせて、
必要なケアをすることがポイントです。

補助スロープ

トイレの回数が増えてもバリアフリーで足腰ラクラク

にゃんこスロープ

置くだけでトイレをまたぐ負担を軽減。無理なく上り下りできる、なだらかな15°の傾斜で幅40cmと広々。本体はダンボール素材で、斜面と底部分には滑り止め素材が使われているため、歩きやすくズレにくい。SHOP Ⓐ

補助ステップ

ソフトな感触で滑りにくく、安定感のある設計

イージークライム アニマルステップ

ドイツのペット用品ブランド・Kerbl社のキャットステップ。高齢になってもソファやベッドなどお気に入りの場所へ移動できるようサポートします。コンパクトながらも最大耐荷重50kgで、太っちょさんにもオススメです。SHOP Ⓑ

キャットタワー

低くて広いから登りやすい！
組み立ても簡単♪

「障害のある子や高齢ねこにも対応しているタワーがほしい」という飼い主さんからの声で誕生した、ローステップの広い階段タイプ。ジャンプが苦手でも眺めのいい場所でお昼寝できます。ベージュとピンクの2色展開。SHOP Ⓒ

持ち手は可愛い
ねこのカタチ♪

フード台

ウッディーダイニング
キャット

筋力が低下してくると、頭を下げ過ぎる姿勢が首や背中の負担になることも。食べやすい姿勢で食事をもっと快適に！ スベリ止めつきで、高さは2段階、調節が可能。ホコリが食器に入りにくくなることも嬉しい。SHOP Ⓓ

ボディーケア

おしゃれ猫さんのグルーミングブラシ

毛づくろいの回数が減ったねこに、柔らかい毛の天然豚毛のブラシ。ハンドル部分はブナの木を使用。静電気が起こりにくく、優しく抜け毛や汚れをとり除いてツヤのある毛並みに整えます。SHOP F

短毛猫用

ペットキレイ シャワーシート

長毛猫用

シャワーが苦手なねこのからだを、ふくだけで汚れ・ニオイをケア。短毛用は「サラつや」仕上げ、長毛用は「サラふわ」仕上げと、毛の長さにマッチした仕上がりを実現します。ねこがなめても安心な洗浄成分。SHOP E

歯みがき

PETKISS

歯みがきシート

すき間もみがける波型フィンガー歯ブラシ

ツインヘッド歯ブラシ

ブレススプレー

シートタイプやスポンジ素材の指サックタイプ、超極細毛歯ブラシとスポンジのツインヘッドと使いやすさや用途に合わせて選べます。口臭が気になるときは、クランベリーの香りのブレススプレーで息スッキリ。SHOP E

猫用グリニーズ

グリルフィッシュ味　ローストチキン味　香味サーモン味

グリルチキン・ハーブ味　チキン＆サーモン味　フィッシュ＆ツナ味

米国獣医口腔衛生協議会（VOHC）から効果が認められた、歯みがき専用スナック。キブル(粒)製法の工夫により、噛むことで歯垢と歯石の蓄積をコントロールします。味にうるさいねこのために、6つの味のラインアップ。SHOP G

フード

フィーライン　ヘルス ニュートリション

12 歳以上の高齢猫用
エイジング 12+

ウェット
12 歳以上の老齢猫用
エイジング +12

高齢ねこの食欲を刺激するために、噛みやすく設計された２層構造のキブル（粒）で、高い嗜好性を実現。ウェットは、健康的な関節を維持するために、適切な量の EPA/DHA を配合。SHOP Ⓘ

サイエンス・ダイエット

11 歳以上
下部尿路と腎臓の健康
シニアプラス™

11歳以上
シニアプラス™　缶詰
グルメ仕立てのシーフード
とろみソースがけ

ビタミン E&C、ベータカロテン配合の独自のスーパー抗酸化システムで健康を維持し、エイジングケア。ねこが夢中になるおいしさを研究した「極上うま味成分」配合レシピ。ウェットは、素材の旨みたっぷりの角切りタイプ。SHOP Ⓗ

アイムス 15 歳以上用

獣医師の知見に基づき開発した、15 歳以上ためのフード。チキン由来のグルコサミン、魚由来の DHA、タウリンとコリンなど、健康な長生きのために必要な栄養素をバランスよく含み、おいしさにもこだわっています。SHOP Ⓚ

ネコちゃん用 歯みがきセット

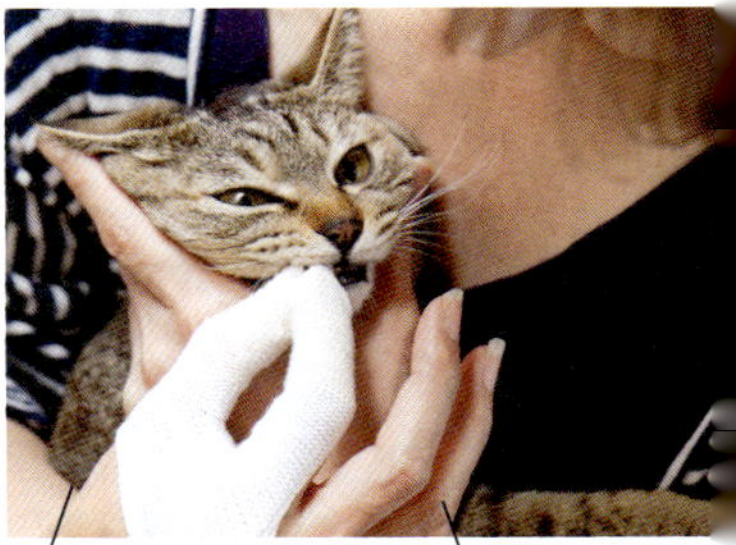

ねこだって「歯が命」！
指で優しく擦ります

「液状はみがき」は、猫ちゃんがおいしく感じられるミルク味で歯垢除去・口臭予防・歯ぐきケアに役立ちます。飲み込んでも安心の成分。極小の丸いヘッドが使いやすい歯ブラシと手袋のようなゆび歯ブラシの３点セット。SHOP Ⓙ

キャリーバッグ

猫くるりんバッグ 通院ネット付き

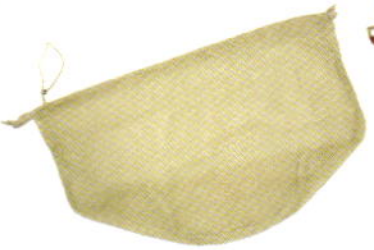

とらにゃんこ

くろにゃんこ

“丸い形を見ると入りたくなる” ねこの習性を活かし、可愛い耳やシッポがついたユニークなデザイン。通院ネットも便利です。肩かけ、手さげの２ウェイ。黄色のとらにゃんこと黒色のくろにゃんこがあります。SHOP Ⓓ

可愛くて機能的！くるんと丸まって入れます

コロル おでかけネコベッド
Sサイズ／Mサイズ

ねこが本能的に好む丸い形、囲まれた空間、やわらかいクッションで、普段はベッドに。さらにフードとハンドルがついているので、そのままキャリーとして使えます。通院も安心環境で移動。車のシートベルト固定も可能です。SHOP Ⓛ

家ではベッド、外ではキャリー♪ S、Mの2サイズあり

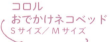

NEW ペットの紙おむつミニ

人間用と違うのは、サイズとしっぽ穴が開いているところ。つけ直しがしやすい面テープで、動き回ったり、寝たきりのペットにも装着が簡単です。立体ギャザーが股にピッタリフィットしてモレを防ぎます。SHOP Ⓓ

猫砂

ニオイをとる砂 7歳以上用 鉱物タイプ

ねこのオシッコにも加齢臭があることが判明！ 加齢に伴いキツくなるシニアねこの尿臭も長時間強力消臭するトリプル消臭成分配合。ガッチリ固まりくずれにくいのでお手入れラクラク。粉が舞いにくいのも魅力です。SHOP Ⓔ

介護用品

驚くほどクリアな透明感で、療養中も視界良好

皮膚疾患などで長期間使用する必要があるときに。クリアな透明感で視界を遮る不安を和らげます。飼い主さんの顔も見やすく、お互い安心。軽さと強度にもこだわり、ツルツル素材で汚れもふき取りやすい。SHOP Ⓜ

猫用エリザベスカラー クリアライフ S サイズ／M サイズ／L サイズ

Shop List

SHOP Ⓐ
ペット用品　ペピイ　https://www.peppynet.com/
SHOP Ⓑ
ALLFORWAN　http://www.allforwan.jp/
SHOP Ⓒ
オリジナルキャットタワー Mau
http://www.mau.company
SHOP Ⓓ
ドギーマン　http://www.doggyman.com/
SHOP Ⓔ
ライオン商事　http://www.lion-pet.jp/
SHOP Ⓕ
アドバンクス　http://www.advanx.jp/index.html
SHOP Ⓖ
マース ジャパン リミテッド（グリニース）　http://greenies.jp/
SHOP Ⓗ
日本ヒルズ・コルゲート　http://www.hills.co.jp/
SHOP Ⓘ
ロイヤルカナン ジャポン　http://www.royalcanin.co.jp/
SHOP Ⓙ
マインドアップ　http://www.mindup.co.jp/
SHOP Ⓚ
マース ジャパン リミテッド（アイムス）　http://www.iams.jp/
SHOP Ⓛ
リッチェル　https://www.richell.co.jp/
SHOP Ⓜ
猫用品の専門店　ゴロにゃん　http://www.56nyan.com/

虹の橋

天国の少し手前に、『虹の橋』と呼ばれる場所がある。
地上でたくさんの愛を注がれていた動物たちは、
人生を終えると、その『虹の橋』へ行くのだ。

そこは、草地や丘がひろがり、
仲間と一緒に走りまわり、
たっぷりの食べ物と水、日の光に恵まれ、
暖かく、快適に過ごせる。

病気にかかっていたり、
年老いた動物たちは、
健康と活力を取り戻し、
体が傷つき、動けなくなっていた動物たちも、
もとどおりの丈夫な体を取り戻す。
まるで過ぎ去った日々がよみがえるように。

そこでは、みんなが幸せに暮らしているけれど、
ひとつだけ気がかりなことがあるという。
それは、かれらにとって特別なだれかが
そばにいない寂しさ。

ある日、そのうちの一匹がふと動きを止め、
遠くを見つめる。
瞳はきらきらと輝き、体は感動で震えている。
突然、彼はみんなから離れ、
緑の草地を跳ぶように走っていく。
そう、あなたを見つけたのだ。

ついに出会えたあなたたちは、
抱き合って再会を喜びあう。
もう二度と離れることはない。
喜びのキスがあなたの顔に降りそそぎ、

あなたの両手は愛する友を優しくなでる。
そして、あなたは信頼にあふれた
その瞳をもう一度のぞきこむ。

あなたの人生から長いあいだ失われていたけれど、
心から一日たりとも消えたことがないその瞳を。

それから、あなたたちはいっしょに『虹の橋』を渡るのだ。

（原作者不詳・ねこの終活を考える会訳）

おわりに

原作者不詳のこの詩は、
ペットロスになった多くの飼い主たちを癒してくれました。
最後にこの詩を入れさせてもらったのは、
ねこを愛する方々の気持ちを最もよく表してくれていると思ったからです。

必ずくる別れの日。それは避けようがありません。
しかし、その日を怖がるだけでなく、
いつかは訪れる旅立ちの日まで、
愛しい命を大切に見守ることはできます。
この本が、そのための手助けになれば幸いです。
みなさんが愛するねこと一日でも
長く幸せな日々が続くことを願って。

ねことわたしの終活ハンドブック

2016年12月5日　第1刷

著：ねこの終活を考える会

企画・編集　酒井ゆう（micro fish）
デザイン　平林亜紀、野村ほのこ（micro fish）
文　寺村由佳理、多和田弓子（Fortune Soup）
イラスト　Aunyarat Watanabe
写真　石原さくら

取材協力
猫専門病院「Tokyo Cat Specialists」
山本宗伸院長

世田谷ペット法務コンサルタント
松永行政書士事務所

アニコム損害保険株式会社

石原さくら

発行人　井上 肇
編集　熊谷由香理
発行所　株式会社パルコ　エンタテインメント事業部
〒150-0042　東京都渋谷区宇田川町 15-1
電話：03-3477-5755
http://www.parco-publishing.jp/

印刷・製本　株式会社加藤文明社

Printed in Japan

ISBN978-4-86506-200-7 C0095
落丁本・乱丁本は購入書店を明記のうえ、小社編集部あてにお送り下さい。送料小社負担にてお取り替えいたします。
〒150-0045　東京都渋谷区神泉町 8-16 渋谷ファーストプレイス パルコ出版　編集部